吴鹏——著　刘玥——绘

太空里的实验室

中信出版集团 | 北京

图书在版编目（CIP）数据

太空里的实验室 / 吴鹏著；刘玥绘. — 北京：中

信出版社，2024. 8（2024.12重印）. --（出发！去太空！）. -- ISBN

978-7-5217-6699-8

I. P159-49

中国国家版本馆 CIP 数据核字第 20242RH701 号

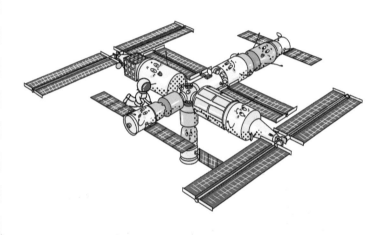

太空里的实验室

（出发！去太空！）

著　　者：吴鹏

绘　　者：刘玥

出版发行：中信出版集团股份有限公司

　　　　　（北京市朝阳区东三环北路27号嘉铭中心　邮编　100020）

承 印 者：北京启航东方印刷有限公司

开　　本：787mm×1092mm　1/16　　印　张：3　　字　数：75千字

版　　次：2024年8月第1版　　印　次：2024年12月第2次印刷

书　　号：ISBN 978-7-5217-6699-8

定　　价：99.00元（全5册）

前言

　　"航天人的梦想很近，抬头就能看到；航天人的梦想也很远，需要长久跋涉才能实现。"

　　中国人的航天梦已行千年，从女娲补天、夸父追日开始，到今天"嫦娥"揽月、"北斗"指路……我们从浪漫想象出发，脚踏实地，步步跋涉，终于将遥远的飞天梦想变成了近在咫尺、抬头可望的现实。

　　其实，筑梦星辰离不开我们的基础物理学，是物理学为我们架起了向太空探索的阶梯。

　　"出发！去太空！"系列在向孩子们展示航天领域前沿技术成果的同时，也为他们介绍了这些科技成果背后的物理知识。全套书共 5 册，分别以火箭、卫星、飞船、探测器、空间站为主题，囊括了当今世界上各种先进的航天器。我们以中国当下最前沿的航天器为代表，在书中回答了孩子们好奇和关心的一系列问题。比如火箭发射时为何会腾云驾雾？卫星为什么不会掉下来？飞船返回地球时为什么会着火？航天员在空间站是否要喝尿？而这些小问题的背后，其实也都蕴含着物理原理。

　　空间站是我们在太空建造的家园，有了空间站，人类可以长时间驻留在太空，做各种科学实验，进行各种太空探索。在这本书中，我们不仅能了解空间站的结构、组合方式、运行原理，还能了解空间站里满满的黑科技装备，比如化尿为水的尿处理系统、特殊的发电装置等，由此领略科技的无穷魅力。

　　我们希望这套书不仅能启发孩子学会从物理学的视角去认识世界、解决问题，更希望它能像一粒种子，在孩子心中种下"上九天揽月"的壮志，让未来的他们能有机会为"科技自强"写下生动的注脚。

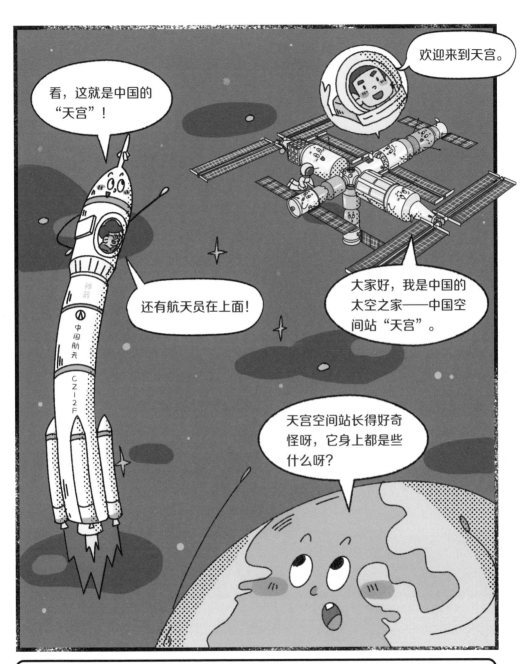

空间站

　　空间站又称太空站、航天站，是一种在近地轨道长时间运行，可供多名航天员巡访、长期工作和生活的大型载人航天器。

天宫空间站有 5 个模块，分别为天和核心舱、梦天实验舱、问天实验舱、神舟载人飞船和天舟货运飞船。

问天实验舱

· 全长 17.9 米
· 发射质量 23 吨
· 主要用于开展空间生命科学研究，比如在太空种植植物、培养细胞等
· 气闸舱可支持航天员出舱
· 兼职作为天和核心舱的备份

我是航天员"上天入地"的专用座驾，可以搭载航天员往返于地球和太空之间。

神舟载人飞船

神舟载人飞船

到太空啦！

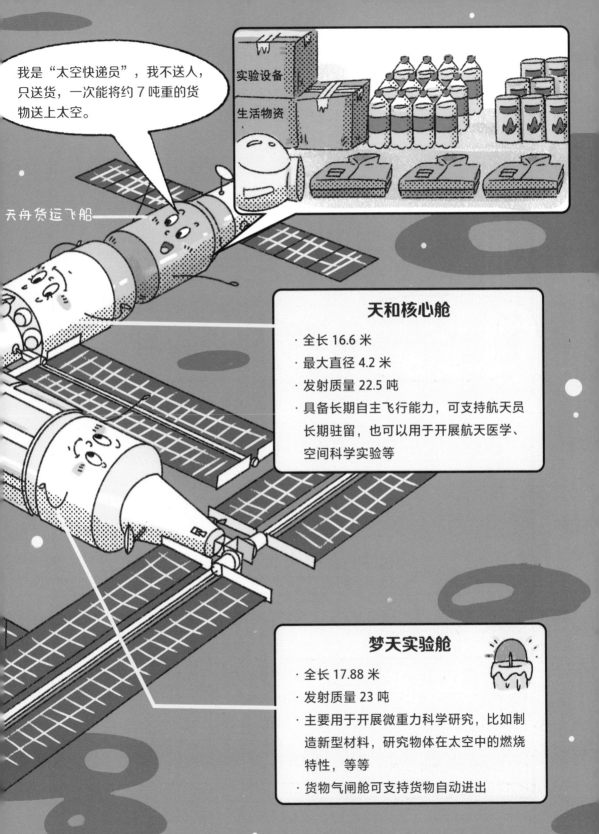

天宫空间站的基本构型由天和核心舱、问天实验舱、梦天实验舱组成。

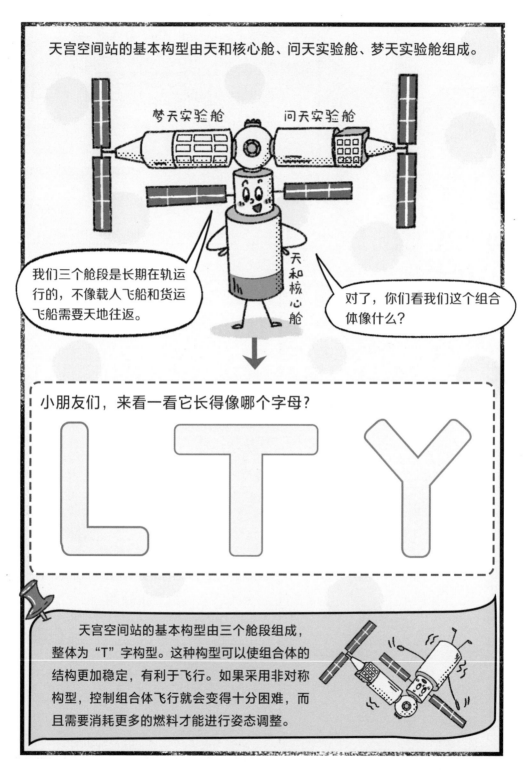

梦天实验舱　问天实验舱

天和核心舱

我们三个舱段是长期在轨运行的，不像载人飞船和货运飞船需要天地往返。

对了，你们看我们这个组合体像什么？

小朋友们，来看一看它长得像哪个字母？

L T Y

天宫空间站的基本构型由三个舱段组成，整体为"T"字构型。这种构型可以使组合体的结构更加稳定，有利于飞行。如果采用非对称构型，控制组合体飞行就会变得十分困难，而且需要消耗更多的燃料才能进行姿态调整。

要怎么区分问天和梦天两个实验舱呢？

问天实验舱的工作舱除了可以进行科学实验，还增加了航天员的睡眠区和卫生区。

以后还会有更多的实验柜哟！

实验柜

睡眠区

资源舱　　　　气闸舱　　　　　　　工作舱

问天实验舱

资源舱　　货物气闸舱　载荷舱　　　工作舱

梦天实验舱

梦天实验舱的工作舱是航天员工作的地方，这里没有睡眠区，而是配备了更多的实验柜，能做更多类型的科学实验。

实验柜天团，申请出战！

　　问天实验舱的气闸舱是供航天员进入太空或由太空返回空间站时使用的气密性装置。它的结构"外方内圆",里面是圆柱形的航天员出舱"更衣间",外面是一个方形的舱外暴露实验平台。

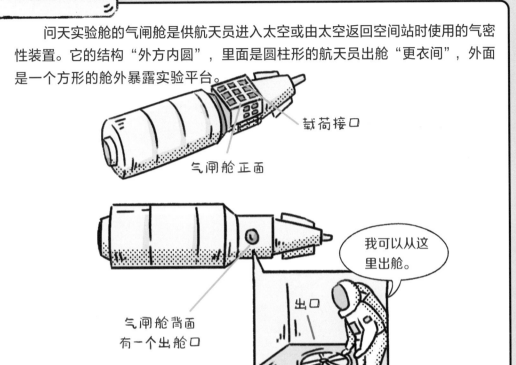

载荷接口

气闸舱正面

我可以从这里出舱。

出口

气闸舱背面
有一个出舱口

　　梦天实验舱的货物气闸舱是一条专供货物进出舱的通道。它是"舱中舱"设计,货物气闸舱隐藏在载荷舱里面,有点儿像"套娃"。

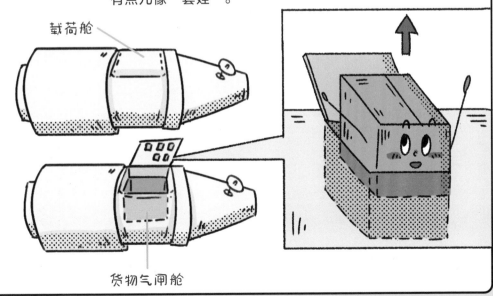

载荷舱

货物气闸舱

- 第二章 -
天和核心舱有哪些本领？

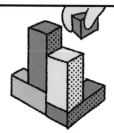

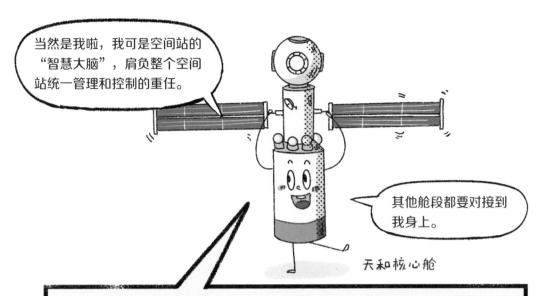

当然是我啦，我可是空间站的"智慧大脑"，肩负整个空间站统一管理和控制的重任。

其他舱段都要对接到我身上。

天和核心舱

如果把空间站比作一棵大树，那天和核心舱就是大树的树干，其他的舱段都要与它连接，它们就像长在树干上的枝叶，还可以不断向外延伸。

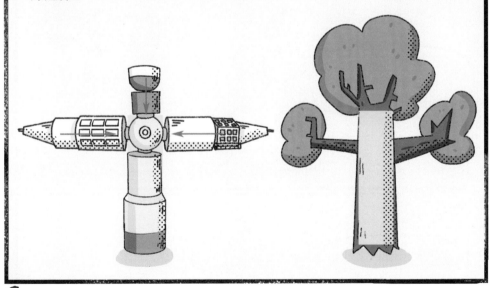

天和核心舱是中国空间站发射入轨的首个舱段，主要用于空间站统一控制和管理。在其发射之后，其他舱段相继发射，与天和核心舱进行模块化对接，组建中国空间站。

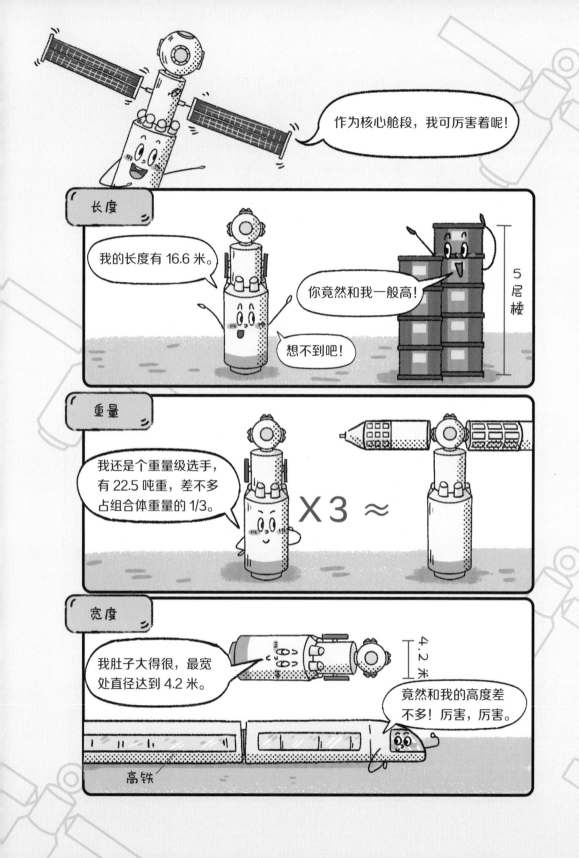

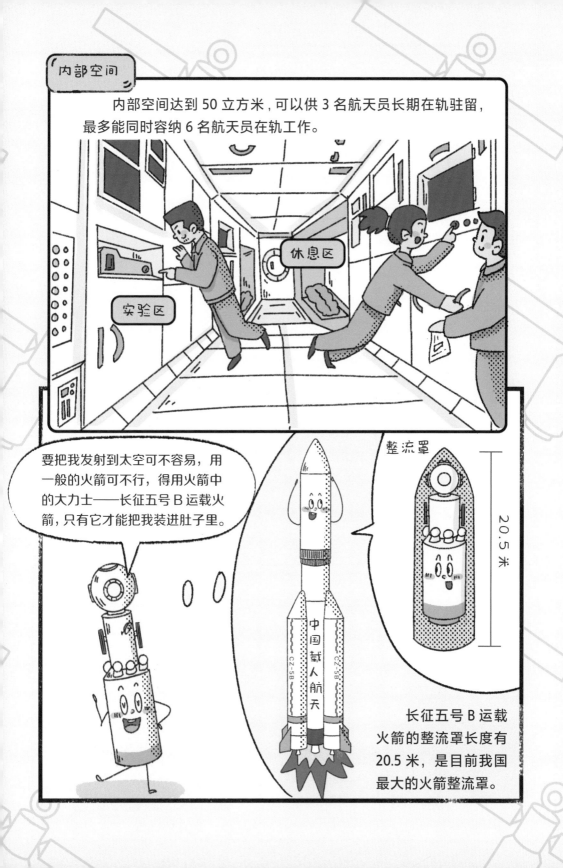

你知道天和核心舱的结构是怎样的吗？

从外观上看，天和核心舱由节点舱、小柱段、大柱段三部分组成。

节点舱有1个出舱口和4个对接口。

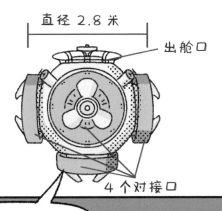

直径2.8米

出舱口

4个对接口

我是空间站的交通枢纽节点！

节点舱

小柱段是航天员生活的地方。

睡眠区×3

卫生区

锻炼区

- 第三章 -

空间站为什么只飞 400 千米远？

我距离地球只有 400 千米远。

400 千米的话，坐高铁大约 2 个小时就能到，离我们不是很远呀。

是呀，距地球 400 千米，既可以避开大气层的阻力干扰，又可以进行太空科学实验，是一个非常合适的高度。

400 千米

大气层的阻力干扰？难道你那里就没有大气了吗？

地球的半径大约是 6 400 千米，是空间站轨道高度的 16 倍。

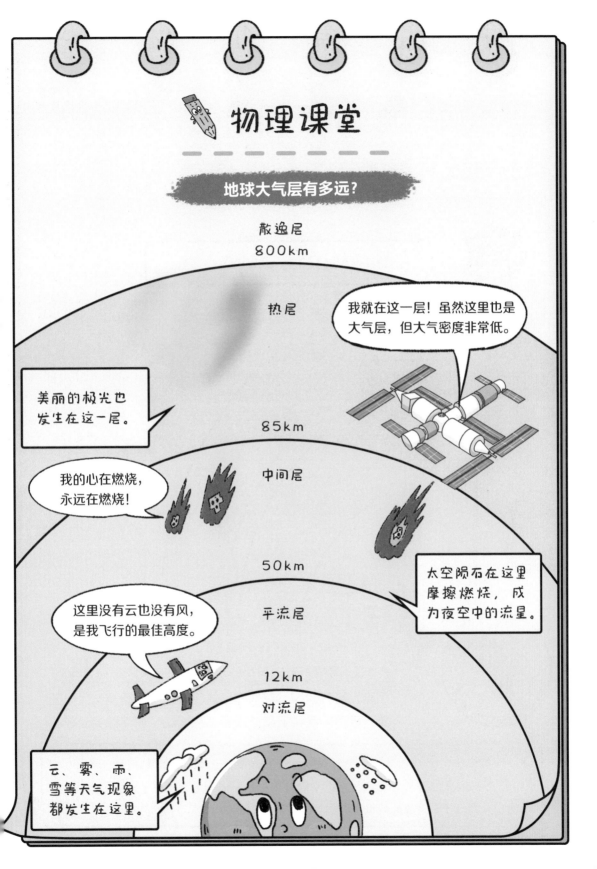

物理课堂

飞多高才算是真正进入太空?

飞行高度超过卡门线,就算进入太空了。

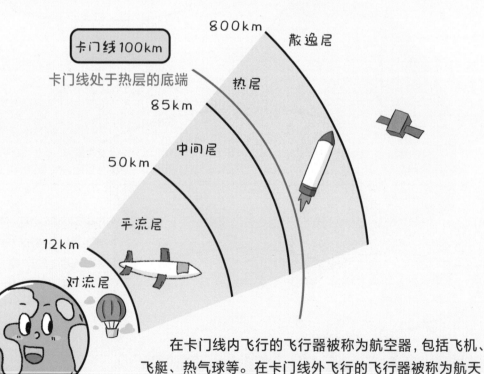

卡门线100km
卡门线处于热层的底端

800km   散逸层
         热层
85km
    中间层
50km
    平流层
12km
    对流层

在卡门线内飞行的飞行器被称为航空器,包括飞机、飞艇、热气球等。在卡门线外飞行的飞行器被称为航天器,包括火箭、卫星、飞船、空间站、深空探测器等。

事实上,太空和地球大气层之间并没有明确的边界。国际航空联合会将100千米的高度定义为大气层和太空的分界线——卡门线,高于卡门线就属于太空,而低于卡门线的就是大气层。

实际上，地球的大气层很厚。大气层的密度是随着高度的增加而不断降低的，最后变得非常低，但不会为零。

卡门线

我们大多集中在这里。

大气分子

大气分子稀少

大气分子密集

100千米高空以下的大气占地球大气层总质量的 99.99997%。

冯·卡门

美籍匈牙利工程师和物理学家

卡门线

哎呀，不行！我飞不上去啦！

冯·卡门 首次计算出，在距离地球 100 千米的位置，由于大气过于稀薄，飞机无法正常飞行。所以，这个位置被称作卡门线，被认为是大气层和太空的分界线。

空间站为什么要在 400 千米高度飞行？飞高一点儿或者低一点儿不行吗？

在 200~2 000 千米的近地轨道范围内，过于低的飞行高度会让空间站遇到较强的空气阻力，需要多次点火调整姿态。在 400 千米的高度，地球大气密度相对较小，对空间站的运行影响小。所以，不论是国际还是国内的空间站，在发射实践中，我们都选择 400 千米作为发射高度。

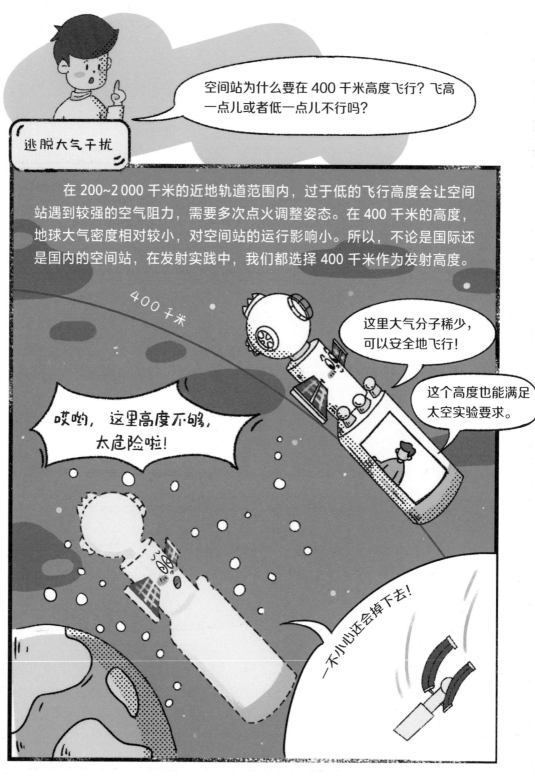

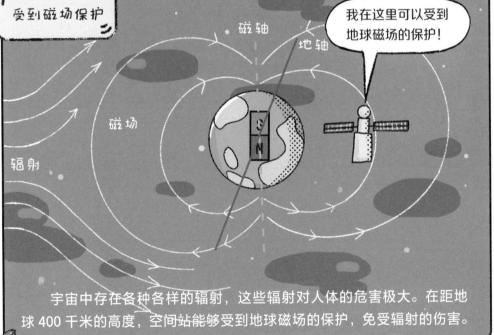

宇宙中存在各种各样的辐射，这些辐射对人体的危害极大。在距地球 400 千米的高度，空间站能够受到地球磁场的保护，免受辐射的伤害。

综合考虑观测需求、发射成本，以及航天员和飞行器的安全等因素，将空间站飞行的高度设定在 400 千米左右是最为稳妥的。

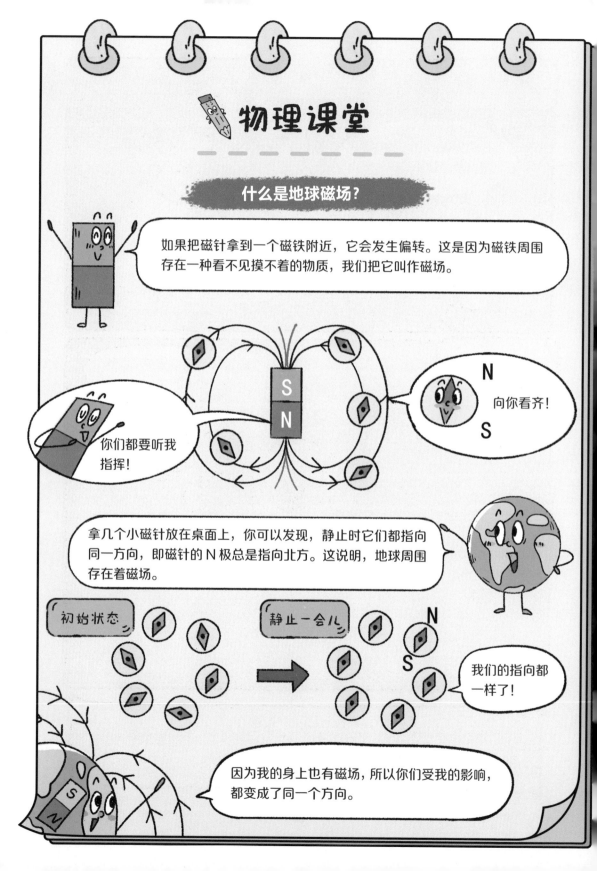

物理课堂

什么是地球磁场？

如果把磁针拿到一个磁铁附近，它会发生偏转。这是因为磁铁周围存在一种看不见摸不着的物质，我们把它叫作磁场。

向你看齐！

你们都要听我指挥！

拿几个小磁针放在桌面上，你可以发现，静止时它们都指向同一方向，即磁针的 N 极总是指向北方。这说明，地球周围存在着磁场。

初始状态

静止一会儿

我们的指向都一样了！

因为我的身上也有磁场，所以你们受我的影响，都变成了同一个方向。

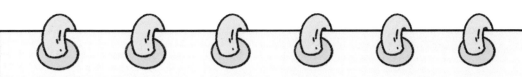

很多的动物都能感知地球磁场，比如信鸽、海龟都可以靠磁场"导航"找到回家的路。

我回来啦！

不过，我们常说地理上的两极和地球磁场的两极并不重合，磁针所指的南北方向与地理上的南北方向略有偏离。世界上最早记述这一现象的人是我国宋代学者沈括。

地轴

磁轴

地磁 S 极　　地理北极

地理南极　　地磁 N 极

地球磁场？

地球磁场是地球内部存在的天然磁性现象，它看不见、摸不着，就像是地球的"隐形防晒衣"，能够保护空间站不被强烈的太阳风灼伤。地球磁场可以捕获太阳风中的带电粒子，形成高能粒子辐射带——范艾伦辐射带。

物理课堂

范艾伦辐射带是位于地球附近的高能带电粒子辐射带，这些带电粒子主要来自太阳风，它们被地球磁场捕获后，就会被束缚在两条带状区域中。

这两条带状区域外形就像两个同心的甜甜圈，中心是地球，内带范围是 1 500 ~ 5 000 千米，外带范围是 13 000 ~ 20 000 千米。

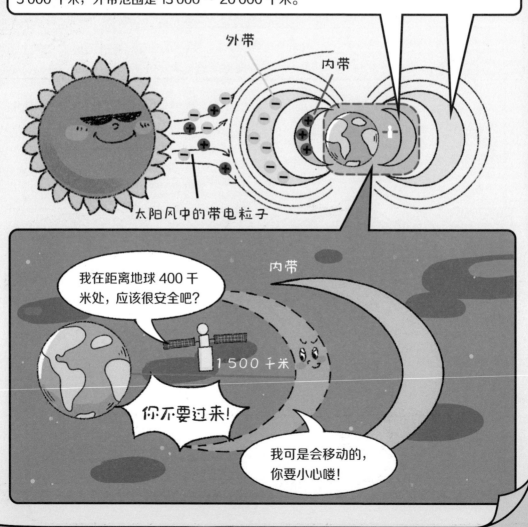

第四章
空间站绕地球一圈要多久？

空间站在距地球 400 千米高度处，根据"空间站所受到的万有引力和空间站绕地球所需的向心力相等"这一点，能够计算出空间站绕地球飞行一圈的时间，约 92 分钟。

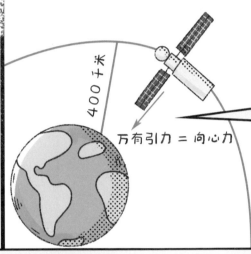

$$F_{万有引力} = F_{向心力}$$

$$G\frac{Mm}{r^2} = m\omega^2 r \qquad \omega = \frac{2\pi}{T}$$

代入

$$T = 2\pi\sqrt{\frac{r^3}{GM}}$$

转一圈所需的时间

$$T \approx 92 分钟$$

25

你知道世界上有几个空间站吗？

世界上一共有 11 个空间站，苏联共发射了 8 个，美国发射了 1 个，还有 1 个是国际空间站，1 个是我们中国的天宫空间站。

苏联 礼炮号系列空间站

苏联一共发射过 7 个礼炮号空间站。礼炮 1 号是世界上第一个空间站，于 1971 年 4 月发射。

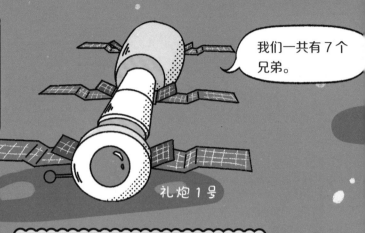

我们一共有 7 个兄弟。

礼炮 1 号

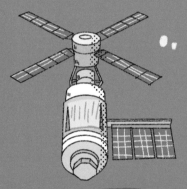

美国 天空实验室

天空实验室是美国的第一个空间站，于 1973 年 5 月由土星 5 号运载火箭发射入轨，先后接纳过 3 批航天员，每批 3 人，在站分别工作和生活了 28 天、59 天和 84 天，其间进行了 270 多项研究实验。在拍摄了 18 万张太阳活动的照片、4 万多张地面照片之后受控停止工作，于 1979 年坠入大气层烧毁。

苏联 和平号空间站

和平号是苏联建造的第三代空间站，是世界上第一个设计成在轨多模块组装的大型空间站。1986 年 2 月 20 日，和平号空间站的核心舱发射升空，直到 1996 年，和平号总计 7 个舱段才全部完成对接安装。

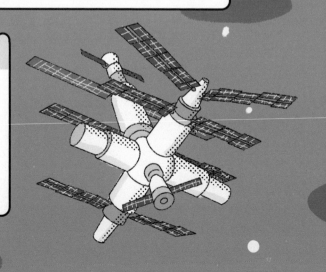

国际空间站 1998 年至今

国际空间站是由美国、俄罗斯、11 个欧洲航天局合作国（法国、德国、意大利、英国、比利时、丹麦、荷兰、挪威、西班牙、瑞典、瑞士）、日本、加拿大和巴西共 16 个国家联合建造，是在轨运行规模最大的空间站。

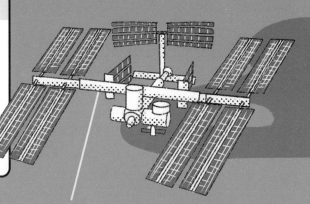

桁架挂舱式结构

中国 天宫空间站 2021 年至今

天宫空间站是一个多模块在轨组装的空间实验平台，是由中国独立建造的。

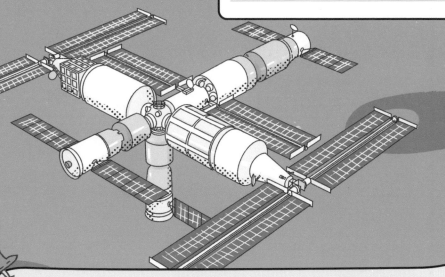

截至 2024 年，世界上只有两个空间站在运行：一个是国际空间站，它已在轨 26 年，即将面临退役问题；另一个就是中国自主建造的天宫空间站。

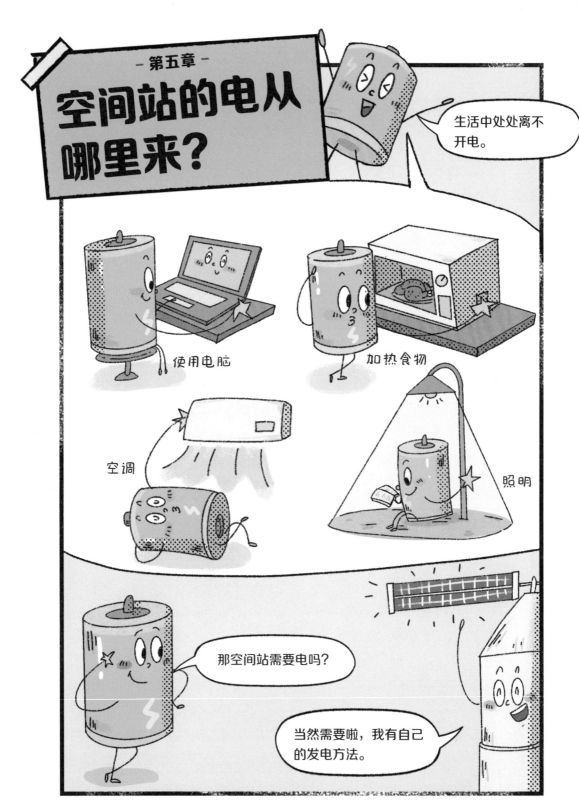

太阳翼能够将太阳能转化为电能，为空间站提供电力。天宫空间站配备了两种规格的 6 个大型柔性太阳翼。

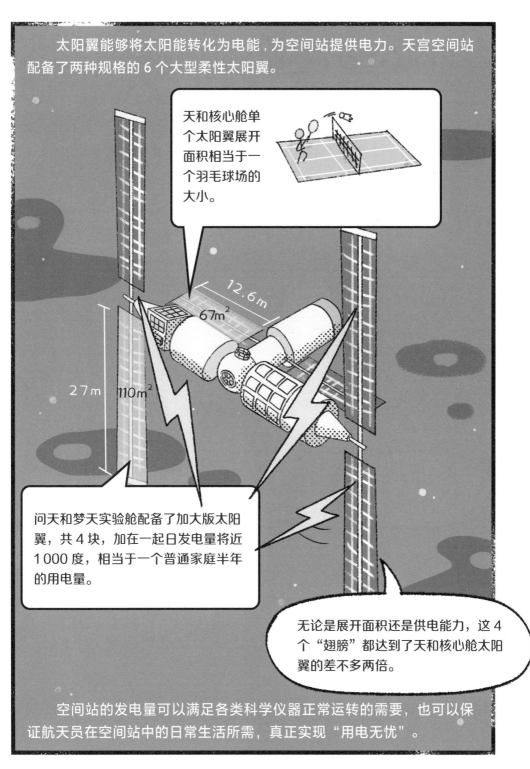

天和核心舱单个太阳翼展开面积相当于一个羽毛球场的大小。

12.6m

67m²

27m　110m²

问天和梦天实验舱配备了加大版太阳翼，共 4 块，加在一起日发电量将近 1000 度，相当于一个普通家庭半年的用电量。

无论是展开面积还是供电能力，这 4 个"翅膀"都达到了天和核心舱太阳翼的差不多两倍。

空间站的发电量可以满足各类科学仪器正常运转的需要，也可以保证航天员在空间站中的日常生活所需，真正实现"用电无忧"。

物理课堂

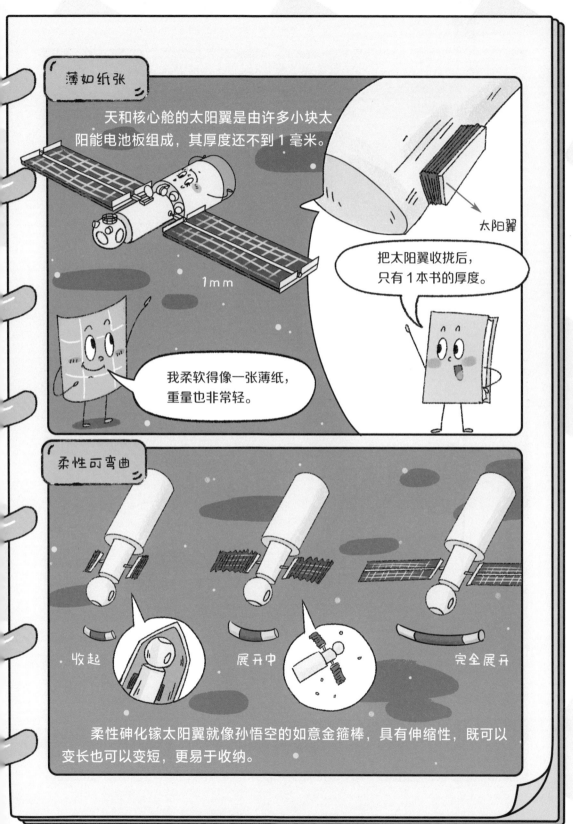

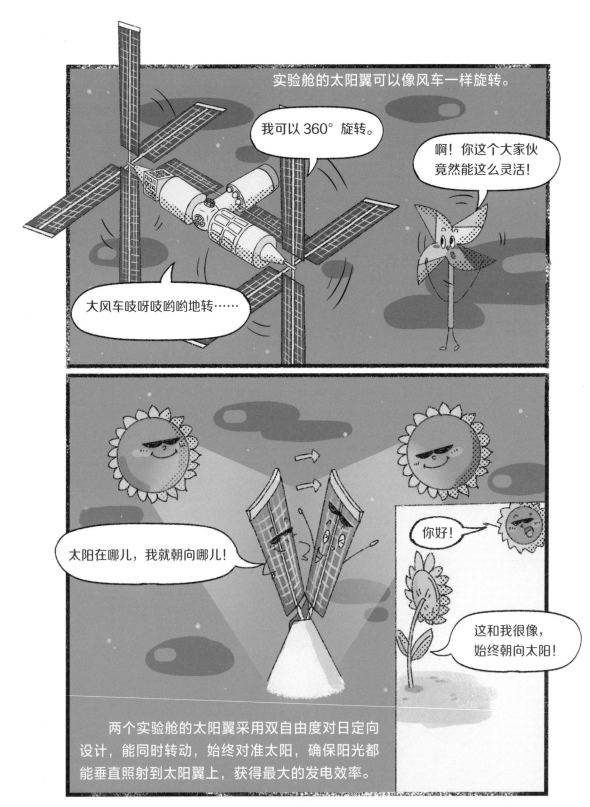

物理课堂

在自然界中，能量的形式多种多样，比如有机械能、热能、光能、电能、化学能等。这些能量之间可以相互转化。

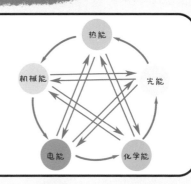

你知道图中水壶中的水是怎么烧开的吗？在这幅图里，都存在哪些能量，它们又发生了哪些变化？我们一起来看看吧！

第 3 步

自行车的轮子和发电机的转轴连接在一起，人骑车，自行车的机械能又转化为电能。

第 1 步

太阳光照射到植物上，光能会转化为植物体内的化学能，植物就会开花结果。

第 2 步

人把果子吃了，食物中的化学能就储存到人体里，人也就有力气了。

第 4 步

热水壶有电了，将电能转化为热能，水一会儿就烧开了！

能量转化就是各种能量在一定条件下相互转化的过程。

航天员在空间站有哪些需要用水的地方？

喝水

每天要饮水 2 升，3 名航天员每天就需要 6 升水。

光是喝水，我们 6 个月就需要约 1080 升的水。

是的，这还不包括其他用水。

制氧

空间站内的氧气是通过电解水获得的，为了保证 3 名航天员有足够的氧气，每天需要消耗 3 升水。

我们的空间站可以 24 小时不间断制造氧气。

氧气

$2H_2O \xrightarrow{\text{通电}} 2H_2\uparrow + O_2\uparrow$

电解制氧

洗漱

航天员每天还需要清洁身体，3 名航天员每天差不多需要 3 升水。

用湿毛巾擦下身体，就相当于洗澡啦！

太空中没有水，那空间站里的水都是从哪里来的？

方法 1：送水

天舟货运飞船会定时运送水到空间站。

我的"背包"空间是有限的，除了水还有许多其他物品。

还有就是我的快递费很贵！

空间站

货运飞船

方法 2：回收尿液

尿液中 90% 以上都是水，将尿液回收处理后，可以净化成再生水。

我现在还不能喝。

环控生保尿处理子系统

我符合标准啦！

生活饮用水卫生标准

航天员饮用水卫生标准

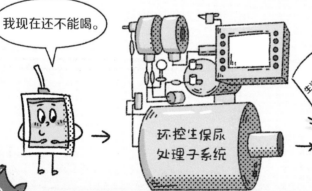

环控生保尿处理子系统是由中国航天科工二院 206 所研制，能够从尿液中提取水分，实现水资源的回收与再利用，被誉为"超级净水器"。

物理课堂

把铅笔芯一头接上电池，另一头插入水中，铅笔变成这样了！

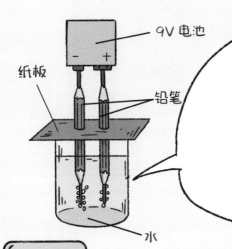

9V 电池

纸板

铅笔

水

浸在水中的两个笔尖会不停地冒出小气泡，而且与电池负极相接的笔尖冒出的泡泡明显多过另一个。

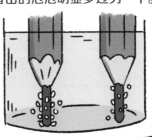

实验原理

　　铅笔芯的主要成分是石墨，具有很好的导电性。连接电池后，水（H_2O）被电离产生了氢气（H_2）和氧气（O_2），所以笔尖周围冒出许多气泡。其中，正极产生的是氧气，负极产生的是氢气。

通电状态

O_2

H H $+$ H H

$2H_2$

通电

$\uparrow$ $\uparrow$

O H H　　O H H

$2H_2O$

$$2H_2O \xrightarrow{\text{通电}} 2H_2 \uparrow + O_2 \uparrow$$

你也可以往水中再加一些小苏打，这样能增加水的导电能力，实验效果会更明显。快去试一试吧！

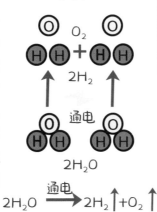

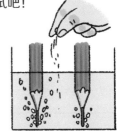

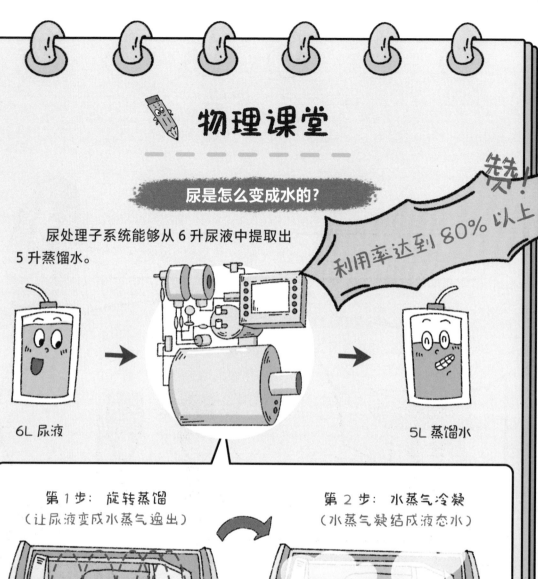

物理课堂

尿是怎么变成水的？

尿处理子系统能够从 6 升尿液中提取出 5 升蒸馏水。

赞!

利用率达到 80% 以上

6L 尿液

5L 蒸馏水

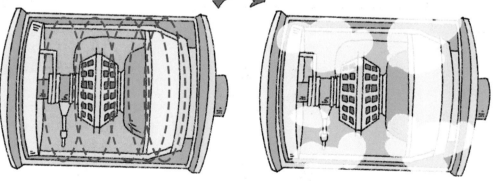

第 1 步：旋转蒸馏
（让尿液变成水蒸气逸出）

第 2 步：水蒸气冷凝
（水蒸气凝结成液态水）

尿处理子系统会先将预处理的尿液进行旋转蒸馏，然后再将收集到的水蒸气冷凝，形成蒸馏水。这些蒸馏水随后被输出给水处理子系统进行深度净化处理，最终完成从"尿"中提取纯净水的整个过程。

虽然航天员知道再生水没什么问题，但一想起眼前的水就是昨天尿的尿，喝下去还是需要一点儿勇气的！

科学小故事

在航天科工二院 206 所科研楼的男厕所前，摆着三个尿液收集桶，科研人员不仅要研究尿处理子系统，还需要贡献"研究对象"，可真是不容易呀！

虽然桶里添加了防腐剂，但挥发出的气味时有飘出，不禁让人掩鼻、屏住呼吸。

物理课堂

空间站和地面站是如何通信的？

空间站时刻绕着地球飞行，当它飞到地球的另一端时，信号会被地球挡住，影响它与地面站通信。所以，空间站要想时刻与地面站保持联系，就需要"数据中转站"——天链中继卫星。

天链中继卫星位于距离地球 36 000 千米远的静止轨道上，从地面上看，它们就像是固定在天空中的一个个点，一动也不动。三颗天链中继卫星处于同一平面，且相邻 120 度，这样的布局可以保证不论空间站转到哪个位置，都能至少看到一颗中继卫星。

物理课堂

声音是如何传到耳朵里的?

一般情况下，声音传入耳朵的方式有两种，分别是空气传导和骨传导。

普通耳机

骨传导耳机

空气传导是声音经过外耳道传至鼓膜，引起鼓膜振动，再传递给听小骨，最后传入内耳。

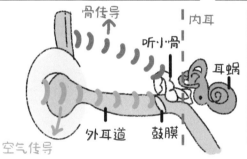

骨传导是不用经过外耳道和鼓膜的，直接通过颅骨的振动将声音传至内耳。

骨传导
内耳
听小骨
耳蜗
外耳道
鼓膜
空气传导

贝多芬在失去听力后，并没有向命运低头。他用牙齿紧紧咬住一根与钢琴相连的棍子，利用骨传导的方式来接收声音。著名的《第九交响曲》就是在这种情况下创作出来的。

空间站科普小问答

在空间站里，航天员们如何锻炼身体？

航天员在太空中长期处于失重环境，会出现骨密度降低、肌肉萎缩等身体问题，因此必须通过锻炼来保持身体健康。

天宫空间站内设置了专门的"锻炼区"，并配备了多种健身器材，如太空跑台、太空自行车、拉力器等，供航天员进行日常锻炼。此外，保障团队还为航天员量身打造了太空保健操。航天员通过积极锻炼，可以保持骨骼强健，防止肌肉松弛，从而对抗失重环境对人体的影响。

在这里也可以锻炼身体。

大鹏哥哥，我们在地球可以看到天宫空间站吗？

这是可以的。天宫空间站飞行一圈大约需要92分钟。所以，它会经常从我们头顶飞过，又叫"过境"。

由于天宫空间站的体积较大，过境时如果被阳光照到会十分明亮。因此，我们在地球上不需要望远镜，直接用肉眼就能看到它。

那么问题来了，什么时候，在什么地方能看到呢？别急，给你推荐一个叫"天文通"的小程序。搜索打开这个小程序，选择你所在的位置，然后再查询天宫空间站的过境时间和具体方位，选择一个亮度在"-1等"以上的过境时间（注意：星等数值越小，亮度越高）。最后，找一个无遮挡、视野开阔的地方，仰望天空，你将亲眼看到天宫空间站划过夜空的景象。快去试试吧！

啊！真的看到了！

编委会